BEI GRIN MACHT SICH IHR WISSEN BEZAHLT

- Wir veröffentlichen Ihre Hausarbeit, Bachelor- und Masterarbeit

- Ihr eigenes eBook und Buch - weltweit in allen wichtigen Shops

- Verdienen Sie an jedem Verkauf

Jetzt bei www.GRIN.com hochladen und kostenlos publizieren

GRIN

Alfredo Jakob

Rekonstruktion von Naturkatastrophen und deren Verwendung in der heutigen Risikobewertung am Beispiel von Hochwasserereignissen in den Alpen

GRIN Verlag

Bibliografische Information der Deutschen Nationalbibliothek:

Die Deutsche Bibliothek verzeichnet diese Publikation in der Deutschen National-
bibliografie; detaillierte bibliografische Daten sind im Internet über http://dnb.d-
nb.de/ abrufbar.

Impressum:

Copyright © 2010 GRIN Verlag, Open Publishing GmbH
Druck und Bindung: Books on Demand GmbH, Norderstedt Germany
ISBN: 978-3-640-90175-3

Dieses Buch bei GRIN:

http://www.grin.com/de/e-book/171069/rekonstruktion-von-naturkatastrophen-
und-deren-verwendung-in-der-heutigen

GRIN - Your knowledge has value

Der GRIN Verlag publiziert seit 1998 wissenschaftliche Arbeiten von Studenten, Hochschullehrern und anderen Akademikern als eBook und gedrucktes Buch. Die Verlagswebsite www.grin.com ist die ideale Plattform zur Veröffentlichung von Hausarbeiten, Abschlussarbeiten, wissenschaftlichen Aufsätzen, Dissertationen und Fachbüchern.

Besuchen Sie uns im Internet:

http://www.grin.com/

http://www.facebook.com/grincom

http://www.twitter.com/grin_com

Rheinische Friedrich-Wilhelms-Universität Bonn
Geographisches Institut
Spezialseminar: „Risikoforschung – sozial- und
kulturwissenschaftliche Ansätze"
Sommersemester 2010

Rekonstruktion von Naturkatastrophen und deren Verwendung in der heutigen Risikobewertung am Beispiel von Hochwasserereignissen in den Alpen

Alfredo Jakob

Inhaltsverzeichnis

1. Einleitung

Seit den 1990er Jahren gibt es einige Ansätze zur Rekonstruktion historischer Klimadaten und Naturkatastrophen (vor allem GLASER 1998 und PFISTER 1999). Nachdem es heute einen beachtlichen Fundus an aufbereiteten historischen Daten zum Thema gibt, stellt sich mir die Frage, inwiefern diese Daten in der Risikobewertung verwendet werden können und inwiefern diese bereits Bestandteil entsprechender Pläne sind. Dabei beschränke ich mich im Folgenden auf direkt mit Hochwasserereignissen verbundene Daten, welche laut DIX (2008) zu den favorisierten Gegenständen historischer Rekonstruktionsbemühungen zählen.

Die Einbindung von verifizierten Daten über historische Hochwasserereignisse in der Risikoeinschätzung wird bereits heute von einigen Akteuren gefordert. So fordern etwa MEDEL und FISCHER (1998) statistische Untersuchungen von möglichst langen hydrologischen und meteorologischen Zeitreihen zur Verbesserung der Einschätzung von Risikopotentialen. GEES (1997) stellt Verfahren vor, wie historische Hochwasserereignisse „in die Berechnung der Dimensionierungswassermenge" (S. 240) einbezogen werden können und die endgültigen Ergebnisse wesentlich verlässlicher werden lassen, als wie das der Fall wäre wenn nur Instrumentenmessdaten (von denen die ältesten nicht sonderlich weit zurückreichen) berücksichtigt würden. Selbst im bayerischen Wassergesetz (BAYWG 2010, Art. 46 Abs. 2) wird die Heranziehung historischer Daten für die Festlegung amtlicher Überschwemmungsgebiete explizit erwähnt. Auch sind die entsprechenden statistischen Werkzeuge zur Bestimmung von Trends in Zeitreihen bereits entwickelt (z.B. WILLEMS, KLEEBERG 2000).

Im Folgenden soll, nach einigen grundsätzlichen Bemerkungen zur Entstehung von Hochwasserereignissen, die bis heute entwickelten Methoden zur Rekonstruktion vorgestellt werden. Anschließend wird anhand einiger Projekte aus dem Alpenraum gezeigt, wie historische Daten bereits heute Verwendung in der Risikobewertung finden. Abschließend wird ein Ausblick auf mögliche weitere Entwicklungen gegeben.

2. Entstehung von Hochwasserereignissen

Hochwasserereignisse, die Schäden für Mensch und Umwelt nach sich ziehen, entstehen durch eine Kombination verschiedener Faktoren; erst ein Zusammenwirken mehrerer ungünstiger Bedingungen lässt ein mittleres bis extremes Niederschlagsereignis, welches an sich doch zu bewältigen wäre, zu einem Problem für die im jeweiligen Abflussgebiet befindlichen Menschen werden (KRUSE 2010). Definiert wird Hochwasser als „das vorübergehende Ansteigen des Wasserstands über einen festzulegenden Schwellenwert; häufig wird hierfür der mittlere Wasserstand als Referenzwert herangezogen" (HERGET 2008, S. 165).

2.1 Mögliche ungünstige Faktoren

Die potentiell gefährlichen Faktoren können in Bedingungen im Einzugsgebiet und Bedingungen im Gewässersystem unterteilt werden. Im Einzugsgebiet zählen erschöpfte Speicherkapazitäten des Bodens (Feuchtigkeit, Vereisung), die allgemeine Bodenbeschaffenheit, Art der Vegetation (oder durch anthropogene Einflüsse zerstörte Vegetation) und die weit verbreitete Flächenversiegelung zu den Hauptursachen. Auch die Akkumulation großer Schneemassen kann speziell in von Gebirgssystemen beeinflussten hydrologischen Systemen ein entscheidender Faktor sein. Natürlich zählen auch extreme atmosphärische Hebungsbedingungen bei zur selben Zeit hohem Wasserdampfgehalt der Atmosphäre (konvektiver und advektiver Niederschlag) zu den Ursachen, diese lassen sich jedoch mit den hier vorgestellten Methoden, wie sie bei den weiter unten beschriebenen Projekten angewendet werden, nicht rekonstruieren. Im Gewässersystem selbst können Gewässerquerschnitt, Gefälle, Wasseraustausch, Speicherung, Stauregelung und anthropogene Einflüsse vielerlei Art zu einem Hochwasserereignis beitragen (PFISTER 1999, KRUSE 2010).

3. Quellen für historische Hochwasserereignisse

Für die Rekonstruktion von historischen Hochwasserereignissen können eine Reihe von verschiedenen Quellen herangezogen werden. Dabei vermischen sich „qualitative und quantitative Informationen; nominale Daten stehen neben ordinalen und metrischen". (GLASER 1998, S. 112).

3.1 Quantitative Daten

Zu den quantitativen Daten (Proxydaten = Näherungswerte), die sich speziell für die Hochwasserrekonstruktion eignen, zählen (GLASER 2008, PFISTER 1999):

- Hochwassermarken (an Gebäuden, Brücken, Mauern)

- frühe Instrumentenmessungen (die homogenisiert und kalibriert werden müssen)

- Pegel (erlauben ein regelmäßiges Erfassen des Wasserstandes)

Dabei ist sowohl bei den Hochwassermarken wie auch bei den Pegeln zu beachten, dass sich die Tiefe des Flussbetts sowohl verringern (wenn sich der Standort der Hochwassermarke senkt) als auch erhöhen kann (bei einer über die Zeit zunehmenden Eintiefung des Flusses), dies muss gegebenenfalls in einer Berechnung berücksichtigt werden. Bei entsprechend genauer Arbeitsweise ist es aber bereits gelungen, die daraus abgeleiteten Daten mit empirischen Formeln zur Berechnung der Hochwasserwahrscheinlichkeit zu verknüpfen (GLASER 1998).

3.2 Qualitative Daten

Die qualitativen Daten spielen jedoch durch ihr wesentlich zahlreicheres und flächendeckenderes Vorkommen die weitaus wichtigere Rolle. Hierbei handelt es sich um chronikalische Berichte unterschiedlichster Qualität und Quantität, welche sich heute in diversen Archiven befinden. Diese können in Form von mehr oder weniger detaillierten Beschreibungen, Illustrationen, Bilderzyklen, Tafeln oder Inschriften auftreten. Die ältesten, eher sporadisch vorhandenen Quellen für Mitteleuropa sind dabei auf das 8. Jhd. datiert. Ab dem Mittelalter finden sich dann vielerorts bereits lückenlose Berichte über die einzelnen Jahreszeiten; durch die Erfindung des Buchdrucks im 15. Jhd. erfährt die Datenlage eine regelrechte Explosion (GLASER 2008). Im 18. Jhd. fängt die Presse an, Hochwasserereignisse inklusive Verlauf und vermuteten Ursachen zu beschreiben. Ab dem 19. Jhd. lassen sich dann amtliche Expertenanalysen finden, die neben dem Umfang der Schäden auch Hinweise auf damals verteilte Hilfsgelder und Maßnahmen zur Verbesserung des Hochwasserschutzes enthalten (PFISTER 1999).

Bei allen Rekonstruktionsbemühungen muss aber bedacht werden, dass Messungenauigkeiten, Kalibrierungsschwierigkeiten, bereits erfolgte Klimaveränderungen und vor allem der ständige, über lange Zeit stark gewachsene anthropogene Einfluss auf Flusssysteme und deren Einzugsgebiete in den Berechnungen berücksichtigt werden müssen (GLASER 1998); bei jeglicher Rekonstruktion muss also die Veränderung des betreffenden Raumes seit dem entsprechenden Ereignis berücksichtigt werden. Hierzu bietet sich die Verknüpfung historischer und naturwissenschaftlicher Verfahren an, weil zum Beispiel die Naturwissenschaft überprüfen kann, inwiefern sich die historisch ermittelte Fließgeschwindigkeit eines Flusses durch anthropogene Maßnahmen verändert hat.

3.3 Klassifizierung von historischen Hochwasserschäden

Eine vor allem auf archivarischen Quellen beruhende Rekonstruktion von Hochwasserereignissen steht immer vor dem Problem, die oft sehr subjektiv anmutenden Angaben der Autoren so zu bewerten, dass die daraus gezogenen Erkenntnisse über Pegelstände und ähnliches über einen längeren Zeitraum, eine größere räumliche Ausdehnung, und in Verknüpfung der Arbeiten vieler verschiedener Autoren, vergleichbar sind. Dazu hat sich für Hochwasser eine Methodik entwickelt, die Schadensausmaß und räumliche Verbreitung kombiniert (PFISTER 1999).

Das Schadensausmaß wird dazu beispielsweise in 4 Kategorien unterteilt, in denen man zwischen „geringfügigen", „beträchtlichen", „großen" und „sehr großen" Schäden unterteilt. Dabei wird einerseits zwischen den Schäden an sich (ob und wenn ja in welchem Ausmaß Infrastruktur und Kultur geschädigt wurden) und andererseits zwischen den für den Wiederaufbau nötigen Ressourcen (Selbsthilfe einzelner Haushalte bis überregional koordinierte Hilfsmaßnahmen) unterschieden (PFISTER 1999).

Die räumliche Verbreitung wird etwa bei PFISTER (1999) in drei Klassen aufgeteilt: eine lokales Ereignis umfasst 1-3 Ortschaften, ein regionales eine höhere Anzahl an Ortschaften, und ein überregionales Ereignis umfasst Schadensmeldungen aus mehreren Talschaften und/oder Einzugsgebieten mehrerer Flüsse. Eine anschließende Kombination beider Klassifizierungen kann helfen, die Quellenarbeit in ein objektives, nachvollziehbares Bild zu überführen (PFISTER 1999).

4. Das überregionale Projekt DIS-ALP

Die bisher vorgestellten Methoden fanden in leicht abgewandelter Form Eingang in ein überregionales, durch die europäische Union initiiertes Projekt. Im EU-Projekt DIS-ALP (Disaster Information System of Alpine Regions) wurde durch Teilnehmer aus Bayern, Italien, Österreich, der Schweiz und Slowenien eine standardisierte Dokumentation von Naturereignissen ins Leben gerufen, welche anschließend der Öffentlichkeit zugänglich gemacht wurde. Neben dem kurzfristigen Ziel, den Wissensaustausch zwischen den einzelnen Akteuren in Gang zu setzen, wollte man mit DIS-ALP auch eine Informationsplattform für die Öffentlichkeit (wie für Bayern das IAN, Punkt 5.3) und eine europaweite Vereinheitlichung der Dokumentation zerstörerischer Naturereignisse erreichen (STMUGV 2006). Beim gesamten Projekt liegt der Fokus eindeutig auf der Dokumentation historischer Ereignisse; diese müssen einerseits erfasst, und andererseits in eine vergleichbare, standardisierte Form gebracht werden, um zukünftigen Forschungen eine breite Datenbasis zu bieten. Dabei wurde sowohl an einer einheitlichen Methodologie, einer Schaffung einheitlicher Erfassungsinstrumente wie auch der Einrichtung einer Datenbank zur Abfrage der durch DIS-ALP erfassten Informationen gearbeitet (BERGER ET AL. 2007).

4.1 Methodologie

Zur Schaffung einer einheitlichen Methodologie zur Dokumentation von Ereignissen wurden bereits existierende Informationsquellen analysiert und bewertet; anschließend wurden Anleitungen für die Dokumentation geschaffen, jeweils spezifisch für eine Zielgruppe. Dabei wurden die Bedürfnisse der Raumplanung und des Zivilschutzes berücksichtigt. Da man die Daten später in einem GIS darstellen wollte, wurden auch klare Vorgaben für das Design einzelner Kartenelemente und der Legende entwickelt (BERGER ET AL. 2007).

4.2 Instrumente zur Datenerfassung

Bei der Suche nach geeigneten Instrumenten zur möglichst mobilen Datenerfassung wurden diverse Geräte (GPS, mobiles GIS, drahtlose Kommunikation, Fernerkundung) getestet. Anschließend bemühte man sich, die für sinnvoll befundenen Instrumente allen

Akteuren zugänglich zu machen und deren Anwendung gegebenenfalls zu trainieren (BERGER ET AL. 2007).

4.3 Einrichtung der Datenbank

Bei den ersten Projekten, in denen die neu geschaffenen Werkzeuge und Methoden angewendet wurden, handelt es sich um Projekte in Bayern, Österreich und Südtirol. Dabei gab es zwei unterschiedliche Ansätze: zum einen wurden vielerlei Ereignisse in einer Region untersucht (siehe Punkt 5 – 6.1), zum anderen ging es um räumlich viel stärker eingeschränkte Gebiete, die über einen bestimmten Zeitraum analysiert wurden (siehe Punkt 6.2 – 6.4).

Im Folgenden werden einige Teilprojekte aus DIS-ALP vorgestellt; dabei handelt es sich um die ersten Versuche, die in DIS-ALP erarbeiteten Methoden und Werkzeuge einzusetzen. Dabei unterscheiden sich die Projekte vor allem in ihrer räumlichen Ausdehnung, während die Projekte unter Punkt 5 und 6.1 eine Vielzahl von Gemeinden umfassen, beschäftigen sich die darauffolgenden Projekte mit sehr kleinräumigen Geschehnissen.

5. Beispiele der Hochwasserrekonstruktion im Alpenraum: Projekt HANG

Im Projekt HANG (Historische Analyse von NaturGefahren) der Universitäten von Göttingen und München (2001 – 2006) wurden durch die Bearbeitung von Texten, Karten und Bildern aus Archiven Extremereignisse der letzten 500 Jahre rekonstruiert. Während der Pilotphase nahm man sich zweier Gebiete im bayerischen Alpenvorland an (Gemeinde Hindelang, Tegernseer Tal), später wurde das Projekt auf 25 Gemeinden aus dem gesamten zu Bayern gehörigen Alpenraum ausgeweitet (BECHT ET. AL 2006). Das Hauptziel des Projektes waren dabei neue Erkenntnisse über Amplitude und Frequenz von Naturereignissen, vor allem über die von Wildbächen ausgehenden Gefahren; bis zu Beginn von HANG waren nämlich hauptsächlich Hochwasserereignisse großer Flusssysteme rekonstruiert worden, diese spielen im Alpenraum jedoch eine untergeordnete Rolle (BARNIKEL, BECHT 2004).

5.1 Methoden

In diesem Projekt wurde ausschließlich mit archivarischen Quellen (Texte, Karten, Bildzeugnisse) gearbeitet – Proxydaten aus der Dendrochronologie oder ähnliches fanden keine Verwendung. Auch Hochwassermarken können bei diesen relativ kleinen Systemen nicht verwendet werden, diese sind nur bei größeren Flüssen zu finden. Die ergiebigsten Quellen waren dabei die Archive der jeweiligen Wasserwirtschaftsämter und Gemeindearchive (v.a. amtlicher Schriftverkehr zwischen diversen Behörden), stellenweise wurden auch die Bestände von Archiven aus privater und kirchlicher Hand sowie aus Forstarchiven verwendet (BARNIKEL, BECHT 2004; FRANK ET AL. 2008).

Die in diesem Projekt erfolgte Klassifizierung der verursachten Schäden und Ausmaße an überschwemmten Gebieten erinnert an die von PFISTER 1999 (siehe Punkt 3.3), jedoch wurden in diesem Falle 6 Schadensklassen festgelegt. Daneben gab es auch eine Bewertung der Häufigkeit von Ereignissen an einem Gebirgsbach, durch die Kombination von ermittelter Amplitude und Frequenz – dies gilt laut FRANK ET AL. (2008) als eine in ihrem Aufwand und Umfang der erfassten Daten beispiellose Maßnahme.

5.2 Ergebnisse

Die Rekonstruktionsbemühungen des HANG-Projektes haben die behördlichen Datenbanken, v.a. über Hochwasserereignisse, stark anwachsen lassen; die Beteiligten beschreiben den erreichten Erkenntniszuwachs als „gewaltig" (BARNIKEL, BECHT 2004, S.5).

Jedoch hat sich auch gezeigt, dass die Rekonstruktion dieser extrem kleinräumigen Ereignisse nicht für die Darstellung aktueller oder vergangener klimatischer Tendenzen geeignet ist – die Ergebnisse aus den einzelnen Räumen weisen nur eine sehr geringe zeitliche Korrelation auf. Die Ursachen von Hochwasserereignissen an Wildbächen sind zu kleinräumig, als dass man dadurch auf überregionale Trends etwa in Niederschlag oder Temperatur schließen könnte. Auch zeigt das Projekt, dass die Gefahren für die Bevölkerung im Alpenraum im Gegensatz zu flacheren Regionen sehr stark von kleinen Einzugsgebieten geprägt sind. Somit ist der Aufwand für eine flächendeckende Erfassung von Hochwasserereignissen und den daraus resultierenden gefährdeten Gebiete mit einem sehr hohen Aufwand verbunden (BARNIKEL, BECHT 2004).

Aber es ist zu betonen, dass selbst wenn kein klimatischer Trend aus den erhobenen Daten von HANG herauszulesen ist, die Kartierung von Gefahrenzonen für die kleinräumige Planung von großer Bedeutung ist. Die erfassten Daten wurden und werden für die Validierung amtlicher Überschwemmungsgebiete verwendet, wie sie laut dem Gesetz zur Verbesserung des vorbeugenden Hochwasserschutzes (BMU 2005) bis zum Jahre 2012 festgesetzt werden müssen. Dabei wird als einzige Datengrundlage das statistische Konstrukt des hundertjährigen Hochwassers (HQ 100) vorgeschrieben; hier können historische Daten einen wertvollen Beitrag leisten, bereits ausgewiesene Gebiete (in Bayern ist der Prozess weitgehend abgeschlossen) zu validieren und gegebenenfalls zu modifizieren, denn „Rechenmodelle enthalten keine lokalen Besonderheiten, die jedoch bei Hochwasser häufig von entscheidender Bedeutung sind" (FRANK ET AL. 2008, S. 295). In einem von den Autoren beschriebenen Beispiel im Allgäu wurde durch die in HANG erhobenen Daten sichtbar, dass das ausgewiesene Überschwemmungsgebiet eine große, im Jahre 1908 überschwemmte Fläche unberücksichtigt gelassen hatte.

5.3 Heutige Verwendung

Die erhobenen Informationen wurden in einer Datenbank erfasst und auch für die Verwendung in einem Geoinformationssystem (GIS) aufbereitet. Die im Rahmen von HANG recherchierten Informationen sind heute über den Informationsdienst Alpine Naturgefahren (IAN) für jedermann abrufbar. Die Informationen sind dabei in einem Web-GIS (http://www.bis.bayern.de/bis/initParams.do?role=ian) aufbereitet (siehe Abb.1).

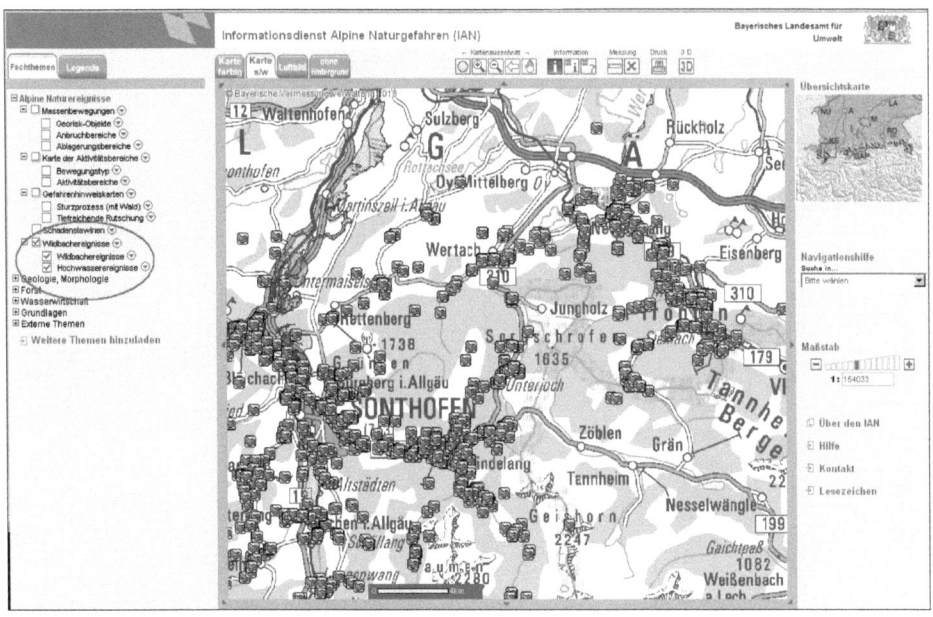

Abb.1: Screenshot des Informationsdienstes Alpine Naturgefahren (IAN). Es sind hier nur die Hochwasserdaten aus dem Projekt HANG aktiviert. (Quelle: ://www.bis.bayern.de/bis/initParams.do?role=ian)

Jedes erfasste Ereignis ist dabei mit einem eigenen Symbol dargestellt, wenn dieses angewählt wird erhält man Zugang zu einer PDF-Datei, die ein Abbild des jeweiligen Datenbank-Eintrages darstellt (FRANK ET AL. 2008). Hier finden sich, je nach Beschaffenheit der Quelle, diverse Informationen zum Ereignishergang, Ausmaß und Schäden (siehe Abb. 2).

HANG: Historische Analyse von NaturGefahren

Daten-Nr.: 1582   Erfassungsdatum: 17.10.2005   erfaßt von: Christian Frank

Lokalitätsbezeichnung:	Dietersbach		
Einzugsgebiet:	Trettach		
Raum:	Oberstdorf	Wildbachkennnummer:	472011
Art des Ereignisses:	HYDRO	Charakter:	Hochwasser
Datum des Ereignisses:	1910 Juni 14	Anmerkung z. Datum:	14.-16.6.1910

Rechtswert:	4371993	Top-Karte:	8627 Einödsbach
Hochwert:	5249064	präzise:	Nein

Archiv: Gemeinde Oberstdorf/Bauamt   Signatur: Geschichte des Marktes
                                                        Oberstdorf/Teil 4

Datenquelle (Zitat):

Soweit Aufzeichnungen und Chroniken zurückreichen, sind keine Hochwasserschäden dieses
Ausmaßes vermerkt, wie sie am 14./15./16. Juni 1910 entstanden. Sintflutartige Regenfälle -
die mit der Schneeschmelze zusammentrafen - ließen Trettach und Stillach zu reißenden
Strömen anschwellen.

Faltenbach, Oybach, Dietersbach, Traufbach, Rappenbach, Schlappolder und Söllerbach
standen bei diesem Zerstörungswerk nicht zurück; keinen einzigen Steg, keine Brücke ließen
sie stehen.

Der größte Teil der Heuernte war vernichtet und der Wiesengrund auf Jahre hinaus entwertet.

Gefährdet:

Beschädigt:

Wiesengrund

Zerstört:

alle Stege und Brücken, Heuernte

Ursache:

Regenfälle und Schneeschmelze

Konsequenzen:

Frequenz:

Ausdehnung/Reichweite:
Koordinaten erfasst: Brücke Unterlauf

Abb.2: Beispiel einer PDF-Datei mit den in HANG erfassten Daten. (Quelle: http://www.bis.bayern.de/bis/initParams.do?role=ian)

Erkenntnisse aus HANG, die sich primär auf Hangrutschungen beziehen, wurden auch in das GEORISK-System eingebunden (abrufbar über das Bodeninformationssystem Bayern, www.bis.bayern.de), welches umfangreiche Informationen zur Gefährdung durch Hangrutschungen in Bayern bietet. Die trotz geringerer Quellenanzahl (über Hangrutschungen) weitreichenden Kenntniszuwächse durch HANG brachten die Verantwortlichen dazu, eine zukünftige regelmäßige Einbindung historischer Daten in Planungsvorgänge zu fordern (BARNIKEL, POSCHINGER 2007).

6. Weitere Beispiele der Hochwasserrekonstruktion im Alpenraum

6.1 Tirol und Vorarlberg

In einem durch die Universität Wien durchgeführten Projekt erfolgte die Quellenarbeit auf andere Weise als in HANG, da als Basis eine handschriftliche Chronik aus den Anfängen des 20. Jhd. diente; diese beschreibt katastrophale Naturereignisse in Tirol und Vorarlberg aus dem Zeitraum 400 bis 1891 (HÜBL, TOTSCHNIGG 2006).

Zwei bereits vorhandene, digitale Transkriptionen wurden in Datenbank-kompatible Datensätze zerteilt; dabei sollten sowohl die genauen Örtlichkeiten der Schäden wie auch die sie verursachenden Gewässer erfasst werden. Als problematisch werden die mangelnde örtliche Genauigkeit der Quellen, unklare Benennung der jeweiligen Prozesse oder nicht quantifizierbare Schadensmeldungen genannt (HÜBL, TOTSCHNIGG 2006).

Das Projekt der Universität Wien ist sowohl von der Anzahl der Quellen wie der letztendlich verorteten Ereignisse (980) bei weitem nicht so umfangreich wie HANG. Trotzdem scheinen auch in Österreich Rekonstruktionen von Naturereignissen bereits in die Katastrophenvorsorge Einzug zu halten, so erwähnt das österreichische Bundesministerium für Land- und Forstwirtschaft, Umwelt und Wasserwirtschaft in einer Veröffentlichung aus dem Jahre 2007, dass die „Ausweisung von Gefahrenzonen […] [u.a.] auf […] der Dokumentation historischer Katastrophenereignisse (Wildbach- und Lawinenchronik)" basiert (BUNDESMINISTERIUM FÜR LAND- UND FORSTWIRTSCHAFT, UMWELT UND WASSERWIRTSCHAFT 2007, S.10).

6.2 Sterzinger Becken, Provinz Bozen, Südtirol

In diesem sehr kleinräumigen, auf das Sterzinger Talbecken (Südtirol) beschränkte Projekt wurde ebenfalls durch Auswertung von schriftlichen Quellen und deren Eingabe in ein Datenbank-System ausschließlich Hochwasserereignisse rekonstruiert.

Die gesammelten Datensätze und Quellen wurden in eine bereits vorhandene Datenbankstruktur (ED30) eingepflegt. „Als Datenquelle dienten dabei wissenschaftliche Arbeiten, Geländekartierungen, Einzel- und Flächengutachten, verschiedene Kataster, Inventare, Archive o. ä." (ZISCHG 2005, S.6), wobei man hier zuerst überregionale Archive und erst dann diejenigen vor Ort sichtete. Wie bei HANG wurde hier Wert darauf gelegt, möglichst viele Informationen aus den Quellen im Originalwortlaut in die Datenbank einzugeben.

Für dieses Untersuchungsgebiet wurden etwa 100 Überschwemmungsereignisse rekonstruiert, von denen etwa 20 genau (also mit ihrer räumlichen Ausdehnung) verortet werden konnten. Der hier arbeitende Autor wagt im Gegensatz zu den weiter oben beschriebenen Studien eine Einordnung der vorliegenden Ergebnisse in eine Makro-Perspektive; er weist auf Zusammenhänge zwischen Ereignisfrequenz und Temperaturschwankungen und den für diese Region charakteristischen „warmen Südwind (Scirocco)" (ZISCHG 2005, S. 16) hin.

6.3 Brixner Talbecken, Südtirol

In diesem ebenfalls in Südtirol lokalisierten Projekt wurden sowohl anhand privater wie öffentlicher Archive die Hochwasserereignisse im Brixner Talbecken rekonstruiert (AUTONOME PROVINZ BOZEN-SÜDTIROL 2005).

Zwar wurde auch hier wie in den Untersuchungen über das Sterzinger Talbecken zuerst auf überregionale Archive zurückgegriffen, jedoch spielten im weiteren Verlauf der Recherchen vor allem die bereits gewonnen Erkenntnisse von regionalen Historikern, und bei jüngeren Ereignissen, der örtlichen Feuerwehr die entscheidende Rolle (AUTONOME PROVINZ BOZEN-SÜDTIROL 2005).

Über 120 recherchierte Ereignisse enthielten genügend detaillierte Informationen um in die (genauso wie obiges Projekt strukturierte) Datenbank aufgenommen zu werden, 22 wurden in ihrer genauen räumlichen Ausdehnung in einem GIS erfasst.

Die Untersuchungen wiesen den großen Effekt der Regulierungsmaßnahmen Ende des 19. Jhd. nach, welche Brixen vor den meisten Hochwassern ab diesem Zeitpunkt bewahren konnte. Später eintretende zerstörerische Hochwasserereignisse führten zu immer weiter reichenden Regulierungen, die laut den Autoren die meisten Gefahren bannen konnten (AUTONOME PROVINZ BOZEN-SÜDTIROL 2005).

6.4 Tinnebach, Südtirol

Die Motivation für die Untersuchung des Einzugsgebietes des Tinnebaches in der Nähe der Gemeinde Klausen (Südtirol) liegt vor allem in einem schweren Ereignis vom 09.08.1921, als ungewöhnlich starke Niederschläge zahlreiche Schlammströme und Murgänge verursachten, die in Verbindung mit angestautem Wasser, durch die Muren am Abfließen gehindert, große Teile der Stadt Klausen zerstörten. Da es bereits davor sehr viele schwere Ereignisse gab, lag es für die Akteure nahe, die Ursachen dieser Häufung genauer zu betrachten (MARANGONI, SCHERER o. J.).

Neben einer Betrachtung von Einzugsgebiet, Geologie und Bodennutzung erfolgt in dieser Studie anschließend eine Analyse der historischen Ereignisse, die die Geschichte des Tinnebaches prägten. Anschließend werden aktuelle Daten aus der Region (Niederschlag, Abfluss, Granulometrie) beschrieben und in kurzen Zeitreihen von wenigen Jahrzehnten analysiert (MARANGONI, SCHERER o. J.). Dabei scheint der Schwerpunkt hier weniger auf einer kompatiblen Datenerhebung für DIS-ALP zu liegen, sondern einer punktuellen Analyse aller Ursachen, Folgen und Maßnahmen, die das Ereignis aus dem Jahre 1921 begleiteten.

7. Ausblick

Die der DIS-ALP-Initiative unterstellten Projekte zeigen vielversprechende Ansätze zur Einbindung historischer Ansätze in die Risikobewertung. Es ist also möglich, dass der von HERGET (2008) bemängelte Forschungsrückstand gegenüber anderen Regionen (z.b. Island) aufgeholt werden wird; derselbe Autor sieht trotz der Probleme, die sich durch die Veränderungen von Klima, Flusseinzugsgebiet und Flusssystem für die Quantifizierung von rekonstruierten Daten ergeben ein großes Potential historischer Daten in der Risikobewertung.

Dennoch wird erst die weitere Entwicklung zeigen, inwiefern sich der große Arbeitsaufwand der Rekonstruktion anhand archivarischer Informationen lohnt. Zwar können oft durch die systematische Erfassung alter Ereignisse Gefahren aufgezeigt und Maßnahmen vorgeschlagen werden, vielleicht wird aber eine Region wie die Alpen bald keinen großen Nutzen mehr von der Methodik haben. Dies könnte der Fall sein, wenn sich der anscheinend immer weiter verstärkende Klimawandel (IPCC 2007) so stark auf den Alpenraum auswirkt, dass die durch menschliche Aufzeichnungen ableitbaren Daten schlichtweg irrelevant werden, da sie die sich möglicherweise in Zukunft entwickelnden Klimakonstellationen nicht mehr abbilden.

Sollte uns aber bis dahin noch etwas Zeit bleiben, könnten die bisher entwickelten Rekonstruktionsmethoden durchaus weiterhin Anwendung finden. Wichtig für eine progressive Entwicklung dieser rekonstruktiven Ansätze wäre aber eine Digitalisierung der entsprechenden Archive. Dies würde einerseits die Forschung an sich erleichtern, andererseits könnten automatisierte Verfahren das Auffinden relevanter Informationen extrem beschleunigen.

Literatur

AUTONOME PROVINZ BOZEN-SÜDTIROL (Hrsg.) (2005): Rekonstruktion historischer Überschwemmungsereignisse im Brixner Talbecken. Erfassung bestehender Unterlagen und Eingabe in ED30. abrufbar unter: http://www.dis-alp.org/modules/UpDownload/store_folder/Work_Packages/WP9/Bericht_Brixen-1.pdf (zuletzt abgerufen am: 12.08.2010)

BARNIKEL, F., BECHT, M. (2004): Historische Analysen von Naturgefahren im Alpenraum. Projekt HANG. München, Göttingen. Abrufbar unter: http://www.interpraevent.at/palm-cms/upload_files/Publikationen/Tagungsbeitraege/2004_1_I-1.pdf (zuletzt abgerufen am: 28.07.2010).

BARNIKEL, F., VON POSCHINGER, A. (2007): How historical data can improve current geo-risk assessment. In: Geomorph Bd 1, H. 1. S.31-43.

BAYWG - Bayerisches Wassergesetz vom 25. Februar 2010. abrufbar unter: http://www.gesetze-bayern.de/jportal/portal/page/bsbayprod.psml?showdoccase=1&doc.id=jlr-WasGBY2010rahmen&doc.part=X&doc.origin=bs (zuletzt abgerufen am: 12.08.2010)

BECHT, M., COPEN, C., FRANK, C. (2006): Abschlussbericht zum Bericht HANG (Teilprojekte HAWAS und HAGEM). Abrufbar unter: http://www.lfu.bayern.de/wasser/fachinformationen/gefahren_im_alpenraum/doc/hang_lang.pdf (zuletzt abgerufen am: 10.08.2010)

BERGER, E., GRISITTO, S., HÜBL, J., KIENHOLZ, H., KOLLARITS, S., LEBER, D., LOIPERSBERGER, A., MARCHI, L., MAZZORANA, B., MOSER, M., NÖSSING, T., RIEDLER, W., SCHEIDL, C., SCHMID, F., SCHNETZER, I., SIEGEL, H., VOLK, G. (2007): DIS-ALP – Disaster Information System of Alpine Regions. Final Report. abrufbar unter: http://www.dis-alp.org/modules/UpDownload/store_folder/DIS_ALP_final_report_v1_0.pdf (zuletzt abgerufen am: 23.07.2010)

BMU - BUNDESMINISTERIUM FÜR UMWELT, NATURSCHUTZ UND REAKTORSICHERHEIT (2005): Bundesgesetzblatt, Teil I, Nr. 26. abrufbar unter: http://www.bmu.de/files/pdfs/allgemein/application/pdf/hochwasserschutzgesetz.pdf (zuletzt abgerufen am: 12.08.2010)

BUNDESMINISTERIUM FÜR LAND- UND FORSTWIRTSCHAFT, UMWELT UND WASSERWIRTSCHAFT (2007): Wildbach- und Lawinenverbauung in Österreich. abrufbar unter: www.forstnet.at/filemanager/download/26295/ (zuletzt abgerufen am: 20.08.2010).

DIX, A. (2008): Historische Ansätze in der Hazard- und Risikoanalyse. In: FELGENTREFF, C., GLADE, T. (Hrsg.): Naturrisiken und Sozialkatastrophen. Berlin, Heidelberg. S. 201-208.

FRANK, C., COPIEN, C., BECHT, M., BARNIKEL, F.(2008): Risikobewertung im bayerischen Alpenraum – der Wert historischer Quellen. In: Interpraevent Conference Proceedings, Bd. 2. S. 287 – 297.

GEES, A. (1997): Analyse historischer und seltener Hochwasser für die Praxis. In: Deutsche Gewässerkundliche Mitteilungen, Jg. 42, Bd.6. S.240-243.

GLASER, R. (1998): Historische Hochwässer im Maingebiet – Möglichkeiten und Perspektiven auf der Basis der historischen Klimadatenbank Deutschland (HISKLID). In: Erfurter Geographische Studien, Bd. 7. S. 109-128.

GLASER, R. (2008²): Klimageschichte Mitteleuropas. 1200 Jahre Wetter, Klima, Katastrophen. (WBG) Darmstadt.

HERGET, J. (2008): Hochwasser, Sturzfluten und Ausbruchsflutwellen. In: FELGENTREFF, C., GLADE, T. (Hrsg.): Naturrisiken und Sozialkatastrophen. Berlin, Heidelberg. S. 165-172.

HÜBL, J., TOTSCHNIGG, R. (2006): Disaster Information System of Alpine Regions (DIS-ALP): Historische Ereignisse in Tirol und Vorarlberg, IAN Report 101, Institut für Alpine Naturgefahren, Universität für Bodenkultur-Wien. abrufbar unter: http://www.dis-alp.org/modules/UpDownload/store_folder/Work_Packages/WP9/IAN-Historische%20Ereignisse.pdf (zuletzt abgerufen am: 08.08.2010)

IPCC – INTERGOVERNMENTAL PANEL ON CLIMATE CHANGE (Hrsg.) (2007): Contribution of Working Group I to the Fourth Assessment Report of the Intergovernmental Panel on Climate Change. Cambridge. abrufbar unter: http://www.ipcc.ch/publications_and_data/publications_ipcc_fourth_assessment_report_wg1_report_the_physical_science_basis.htm (zuletzt abgerufen am: 28.08.2010)

KRUSE, S. (2010): Vorsorgendes Hochwassermanagement im Wandel. Ein sozial-ökologisches Raumkonzept für den Umgang mit Hochwasser. (VS Verlag) Wiesbaden.

MARANGONI, N., SCHERER, C. (ohne Jahr): Grundlagenerhebungen zum Zweck der integralen Analyse des Ereignisses vom 09.08.1921 am Tinnebach, auszuführen im Rahmen des Interreg III B Projektes „Dis Alp". abrufbar unter: http://www.dis-alp.org/modules/UpDownload/store_folder/Work_Packages/WP9/Disalp_Tinne_Nov.pdf (zuletzt abgerufen am: 20.08.2010)

MEDEL, H.-G.; FISCHER, P. (1998): Abflussentwicklung bei Hochwasser – Forschung und dezentrale Schutzmassnahmen. In: Erfurter Geographische Studien, Bd. 7. S. 3-16.

PFISTER, C. (1999): Wetternachhersage. 500 Jahre Klimavariationen und Naturkatastrophen. (Haupt) Bern.

STMUGV - BAYERISCHES STAATSMINISTERIUM FÜR UMWELT, GESUNDHEIT UND VERBRAUCHERSCHUTZ (2006): Naturgefahren und Ressourcenmanagement im Alpenraum. Projekte und Erfahrungen aus der Gemeinschaftsinitiative INTERREG III B Alpenraum. (StMUGV) München.

WILLEMS, W.; KLEEBERG, H.-B. (2000): Hochwassertrends in Bayern und Thüringen. In: Erfurter Geographische Studien, Bd. 9. S. 91-107.

ZISCHG, A. (2005): Rekonstruktion historischer Überschwemmungsereignisse im Sterzinger Talbecken. Erfassung bestehender Unterlagen und Eingabe in ED30. abrufbar unter: http://www.dis-alp.org/modules/UpDownload/store_folder/Work_Packages/WP9/Disalp_HistorischeEreignisse-2.pdf (zuletzt abgerufen am: 20.08.2010)